Ueber

Elektricität.

Eine am 26. Februar
im Vereine für wissenschaftliche Vorträge
gehaltene
Vorlesung
von

H. W. Dove.

Berlin,
Druck und Verlag von G. Reimer.
1848.

Wenn man die Natur einem Buche vergleichen kann, welches offen vor den Augen eines jeden aufgeschlagen liegt, so muß man doch andrerseits zugeben, daß die Sprache, in der es geschrieben, nicht überall gleich verständlich ist, daß es manche Stellen darin giebt, welche schwer zu entziffern sind. Vielen genügt ein flüchtiger Blick auf die aufgeschlagenen Seiten, wenige blättern darin. Die, welche aufmerksam es betrachten, nennt man Beobachter, das Blättern ist das Geschäft des experimentirenden Naturforschers. Einige Worte sind so deutlich geschrieben, daß sie jedem unmittelbar in die Augen fallen: Licht, Wärme, Schwere. Daher fehlt keiner Sprache eine Bezeichnung dafür, selbst der Wilde kennt sie, ja er sucht Mittel sie sich anzueignen, er macht sich Feuer, ohne erst darauf zu warten, daß Prometheus es ihm vom Himmel hole. Nicht ganz so nahe als die Vorstellung von Licht und Wärme liegt die der Schwere. Daß ein Körper fällt, wenn er nicht unterstützt ist, daß er auf seine Grundlage drückt, welche ihn daran verhindert, scheint freilich sich von selbst darzubieten. Doch erzählt Köhler,*) daß vor einigen Jahren ein Australier in der Kolonie Adelaide, als er zuerst den Gebrauch einer Handsäge kennen

*) Bericht der Gesellsch. f. Erdkunde zu Berlin. III. p. 53.

lernte, mit dieser einen Baum bestieg, und sich ruhig mit dem Ast, auf welchem er saß, heruntersägte. Wir wollen über jenen armen Wilden nicht den Stab brechen, denn es soll sogar in Deutschland noch Leute geben, deren Fassungsvermögen es übersteigt, daß die Luft ebenso wie andere Körper schwer ist, also auf ihre Grundlage drückt.

Neben diesen allgemein verständlichen Worten, wie Licht und Wärme, stehen aber andere von geheimnißvoller Bedeutung, wahre Hieroglyphen. Ich nenne hier nur eins: Elektricität, zu deutsch: Eigenschaft des Bernsteins. „Die Barbaren, heißt es in einem Schriftsteller des Alterthums, wohnen an den Küsten, wo ihnen das Meer den köstlichen Bernstein auswirft, und sie achten ihn nicht.“ Auf diese schmeichelhafte Weise werden wir Preußen zuerst in der Geschichte erwähnt. Gut, wir wollen den Vorwurf auf uns nehmen, denn wer sieht bei uns noch einen Bernsteinschmuck, aber den Vorwurf wollen wir abweisen, daß wir uns um die Seele nicht bekümmert, welche wie Thales schon 600 Jahr vor unserer Zeitrechnung sagt, im Bernstein wohnt. Und wie mächtig ist das Wirken dieser Psyche, wie hat sich erfüllt, was der Chinese Kuopho schon zu Anfang des 4. Jahrhunderts ahndungsvoll äußerte: „der Magnet zieht das Eisen, wie der Bernstein die kleinsten Körner an. Es ist wie ein Windhauch, der beide geheimnißvoll durchweht und pfeilschnell sich mittheilt“. Und wie vielseitig ist das, was sie leistet. Der Felsen, auf welchen Edgar im König Lear den geblendeten Gloster führt, ist nicht mehr. Er war der Eisenbahn im Wege, welche man von Dover nach London legen wollte, da erglühte der galvanische Draht in einer vergrabenen mächtigen Pulvermasse und majestätisch glitt das ganze Vorgebirge auf das Zeichen des Ingenieurs in's Meer hinab. Das versunkene Kriegsschiff, der königliche Georg sperrte die Fahrt in der Themse, jetzt nicht mehr, denn die Elektricität hat das Wrack vollständig weggesprengt. Ebenso dienstbar der Kunst wie der Wissenschaft, sticht sie die Bilder in Kupfer, welche die Sonne im Daguerrotyppe gezeichnet und berichtigt unsere Landkarten, indem sie den Längenunterschied der einzelnen Orte angiebt. Im Telegraphen der geflügelte Bote unserer Nachrichten, druckt sie, noch ehe der Redner die Bühne verlassen, bereits in Meilen weit davon entlegenen Orten das, was er eben gesprochen. Sie läutet an der Glocke, wenn der Dampfkessel Wasser bedarf, sie verkündet in jeder Wärterbude die Ankunft des heranstürmenden Zuges oder hält ihn auf, wenn ein Hemmniß vorhanden, sie ruft nach allen Stationen um Hülfe, wenn ein Unglück geschehen. Auf der atmosphärischen Eisenbahn öffnet sie das Ventil, damit die Luft in die Röhre einströmen kann, sie preßt das Rad der Locomotive stärker an die Schiene, wenn jene eine Höhe erklimmen soll. Alle fünf Minuten schreibt sie den Wärmegrad und Barometerstand auf, während der Beobachter ruhig schläft, sie regulirt jede beliebige Anzahl Uhren, daß sie vollkommen gleich gehen, welches selbst dem mächtigen Karl nicht gelang. Sie mißt die Gluthitze eines Schmelzofens ebenso wie die kaum bemerkbare Wärme des Mondlichtes. Sie zählt die Tertien zwischen dem Moment, wo die Kugel den Lauf der Kanone verläßt und dem Augenblick, wo sie am Ziel einschlägt, und wie bescheiden ist sie, wenn sie ihren

Lohn verlangt, für einen Silbergroschen vergoldet sie eine Stahlbrille und wartet immer noch geduldig auf die 100000 Gulden, welche der deutsche Bund ihr versprochen. Und wie freundlich nimmt sie sich des Reisenden an. Sie holt alle die tausend nothwendigen Kleinigkeiten, wie Schirme, Taschen u. s. w., welche auf den einzelnen-Stationen liegen geblieben sind, wieder zusammen, sie hat die Postpferde bestellt, welche uns auf der letzten Station erwarten, und wie dankt man ihr, wenn man in den Gasthof tritt, und der Wirth uns mit der Nachricht empfängt, ihr Zimmer ist geheizt, wie sie per Telegraph befohlen.

Wenn man die weite Kluft bedenkt, welche die unscheinbare Anziehung eines Stückchen Papiers durch eine geriebene Siegellackstange von den eben angeführten elektrischen Wirkungen trennt, so sollte man vermuthen, daß von Thales an die Arbeit der Wissenschaft eine nie unterbrochene war. Dem ist aber nicht so. Volle zwei Jahrtausende hat man sich mit dem begnügt, was die Griechen bereits wußten. Erst 1600 sagt Gilbert: „die Fähigkeit, gerieben leichte Stoffe, welcher Natur sie auch seien, wie Metalle, Holz, Blätter, selbst Wasser und Oele anzuziehen, ist nicht dem Bernstein allein eigen, der ein verdickter Erdsaft ist, welchen die Meereswogen aufwühlen, und in dem fliegende Insekten, Ameisen und Gewürme wie in ewigen Gräbern eingekerkert liegen. Die Ziehkraft gehört einer ganzen Klasse von sehr verschiedenen Substanzen an, wie Glas, Schwefel, Siegellack und allen Harzen, dem Bergkrystall und allen Edelsteinen, dem Alaun und dem Steinsalz, wie man es sehen kann, wenn die Luft im Winter kalt und klar ist." So beginnt also erst mit dem Anfange des siebzehnten Jahrhunderts die Entwickelung der Elektricitätslehre. Die Naturwissenschaften sind wie Nord-Amerika von gestern, beide sind stolz darauf keine lange Geschichte zu haben, sondern in einem Jahrzehent ein Jahrhundert zu durchleben. Ein so reicher Inhalt kann im Verlauf einer Stunde nur angedeutet werden, daher muß im Voraus die Nachsicht einer hochgeehrten Versammlung in Anspruch genommen werden für das fragmentarische der Darstellung.

Die ersten drei Viertel des siebzehnten Jahrhunderts verstrichen, ohne daß zu Gilberts Bemerkungen etwas hinzugefügt wurde. Da erschien im Jahre 1671 das berühmte dem großen Churfürsten gewidmete Werk, Experimenta Magdeburgica, in welchem Otto v. Guerike, Bürgermeister von Magdeburg, die Entdeckung der Luftpumpe und die damit angestellten Versuche beschrieb. Es liegt außerhalb unserer Betrachtung, den Eindruck zu schildern, welchen jene Versuche machten, bei welchen 16 Pferde den Druck der Luft, welcher zwei ausgepumpte Halbkugeln an einander preßt, nicht zu überwinden vermochten, da es jedem Berliner bekannt ist, daß dem Zeughause gegenüber, in den Räumen der königlichen Bibliothek jene wissenschaftlichen Trophäen, die erste Luftpumpe und jene Halbkugeln aufgestellt sind. Wir haben hier nur von den elektrischen Entdeckungen Guerike's zu sprechen, die in jenem Werke mitgetheilt werden. Er steckte eine Schwefelkugel von der Größe eines Kinderkopfes auf eine Stange und drehte sie vermittelst einer Handhabe, die daran gehaltene Hand diente ihm als Reibzeug. So war die Elektrisirmaschine wenigstens in ihren ersten Anfängen vorhanden. Er bemerkte nun, daß die geriebene Kugel leichte Körper anzog, alsdann sogleich abstieß, und daß die abgestoßenen nun von andern Körpern angezogen wurden, dann erst wieder von der Kugel, wenn sie jene berührt hatten. Auf diese Weise fand er, daß die Elektricität sich einem andern Körper mittheilen läßt, diesem aber auch wieder entzogen werden kann. Auch hörte er zuerst ein Geräusch und sah daß die Kugel im Dunkel leuchte. So brach denn das elektrische Licht in mildem Glanze zuerst an der Stelle hervor, wo kurze Zeit vorher Tilly's blutige Brandfackel geleuchtet hatte. „Andres Merkwürdige, fährt er fort, was an der Kugel sich zeigt, will ich mit Stillschweigen übergehen. Die Natur zeigt oft erstaunliche Wunder in den unscheinbarsten Dingen, die aber nur von denen erkannt werden, welche mit scharfer Beobachtungsgabe ausgerüstet, die Erfahrung befragen." So schwach auch jenes erste Leuchten sein mochte, so führte es doch schon kurze Zeit darauf den Dr. Wall zu der Vermuthung, daß in dem Gewitter eine ähnliche Naturkraft wirke. Bei dem Reiben eines großen Stückes Bernstein durch Wolle traf, wie er erzählt, eine helle Lichtflamme seinen Finger, welche ihn auf eine gar empfindliche Weise mit einem jähligen Stoße oder Blasen gleich einem Winde berührte. Dieses Licht und Knistern scheint, fährt er fort, einigermaßen Donner und Blitz vorzustellen.

Mit dem Anfang des 18. Jahrhunderts beginnt endlich der Kreis der elektrischen Erscheinungen sich entschieden zu erweitern. Grey, ein Engländer, bemerkte zufällig, daß ein in einer Glasröhre steckender Kork auch leichte Körper anzog, wenn er die Röhre rieb. Dies führte ihn zu der Vermuthung, daß sich die Elektricität auch wohl größeren und längeren Körpern werde mittheilen lassen. Er band daher einen Bindfaden um den Kork, und hielt die geriebene Röhre zum Fenster hinaus, so daß das Ende des Bindfadens über dem Boden schwebte. Spreu im Hofe sprang daran in die Höhe, so wie er oben rieb, der Versuch gelang selbst aus dem Fenster des obersten Stockwerks. Um ihn für größere Entfernungen zu prüfen, mußte eine horizontale Richtung gewählt werden. Er hing daher die hanfne Schnur an seidenen Fäden auf, und der Versuch gelang bis 666 Fuß Entfernung, aber nicht mehr als er an die Stelle eines seidenen Fadens, welcher zufällig zerrissen war, einen Bindfaden oder dünnen Eisendraht zur Befestigung wählte. So war der wichtige Unterschied erkannt zwischen Leitern oder Conductoren und Nichtleiter oder Isolatoren. Jeder der verehrten Anwesenden erkennt in dem horizontalen Bindfaden den Kupferdrath neben der Potsdammer Eisenbahn, in den seidenen Schnüren die trockenen Holzstangen, über welche er geführt ist um ihn von der Erde zu isoliren. Wenn es stark thaute, gelangen Grey seine Versuche nicht, auch ist das Telegraphiren schwieriger, wenn ein starker Regen die Stangen genäßt hat. Eine Menge Körper wurden nun in Beziehung auf ihre Leitungsfähigkeit geprüft. Ein lebendiges Hühnchen an Seide aufgehängt, und in Verbindung mit einem elektrischen Körper wurde selbst elektrisch. Diese außerordentliche Erscheinung ließ auf eine ähnliche Fähigkeit anderer organischer Körper schließen und bald hängt ein Knabe in seidenen Schnüren und zeigt dem erstaunten Grey, der seine Glasröhre an seine Füße hält, eine elektrische Anziehungskraft für Metallblättchen, die seinem Kopfe genähert werden. Eine Seifenblase zeigt ihm die Leitungsfähigkeit der Flüssigkeit, wie erstaunt er aber, als das mit der Glasröhre in Verbindung gesetzte Wasser sich seinem Finger entgegenhebt und aus der Spitze des kleinen Wasserberges ein heller knisternder Funke ihm entgegenspringt. Diese Lichterscheinung sah bald darauf du Fay und Nollet an lebenden Körpern. Eine schwarze auf ein seidenes Kissen gesetzte Katze gab, wenn ihr über das Fell gestrichen wurde, Funken und zeigte dabei durch ihre Geberden, wie schmerzhaft sie ihre Leitungsfähigkeit empfinde. Nun hängt sich du Fay selbst in ein seidenes Netz, aber wer beschreibt sein und Nollets Entsetzen, als dieser bei Berührung aus du Fay's Körper einen feurigen Funken in seinen Finger springen sieht, und beide dabei einen stechenden Schmerz empfinden. Feuer aus Wasser und dem menschlichen Körper hervorbrechen zu sehen, war in der That so neu, daß man es sehen mußte, um es zu glauben.

Das Wesen eines Leiters besteht darin, daß jeder Punkt in Gemeinschaft mit den übrigen wirkt, während bei einem Nichtleiter jedem Punkt einzeln Elektricität gegeben und genommen werden kann, ohne daß die übrigen davon affizirt werden. Von einem Leiter erhält man beim Berühren, wenn er vorher elektrisirt wurde, einen großen Funken, durch welchen alle Punkte ihre Elektricität verlieren, von einem Nichtleiter viele kleine nach einander, nämlich stets nur von dem Punkte, den man unmittelbar berührt. Dadurch ist klar, daß größere elektrische Wirkungen nur erhalten werden, wenn man neben die geriebenen Körper einen Leiter aufstellt, der aber isolirt d. h. durch einen Nichtleiter von der Erde getrennt sein muß. Dies ist der Zweck des Conductors, mit dessen Vergrößerung die Wirkung zunimmt, weil in der größern Masse mehr Punkte gleichzeitig zusammenwirken als in der kleinern. Mit der Hinzufügung desselben war erst die Elektrisirmaschine von Otto v. Guerike vollendet. Winkler in Leipzig hatte sie schon wesentlich verbessert, er hatte die Schwefelkugel mit einer Glaskugel vertauscht und ein ledernes Reibkissen daran angebracht. Bose in Wittenberg fügte nun den Conductor hinzu, eine blecherne Röhre, die er zuerst von einem auf einem Harzkuchen stehenden Menschen halten ließ, später an seidene Schnüre aufhing. Da das Reibzeug eine Kugel nicht sehr innig berührt, so vertauschte Gordon in Erfurt sie mit einem gläsernen Cylinder. Alle diese Entdeckungen fallen in die Jahre 1742 und 43. Erst 1760 führte Planta, Stifter des Haldenstein'schen Seminars die Scheiben ein, die jetzt gebräuchliche Form unserer Maschinen.

Am 23. Januar 1744 hielt die von Friedrich d. Gr. neu begründete Akademie der Wissenschaften in Berlin ihre erste öffentliche Sitzung vor einer glänzenden Versammlung. Für eine so feierliche Gelegenheit war eine außerordentliche Ueberraschung aufgespart. Dr. Ludolf erbat sich von einem der anwesenden Hofcavaliere den Degen und setzte durch denselben, vermittelst des elektrischen Funkens Schwefeläther in Brand. So zündete das in Magdeburg aufgegangene Licht erst 73 Jahre später und zwar zuerst in Berlin.

Aber alles bisher Gefundene wurde durch die große Entdeckung verdunkelt, welche der Domherr v. Kleist in

Camin in Pommern am 4. November des folgenden Jahres dem Dr. Lieberkühn in Berlin brieflich mittheilte. Er bemerkte, daß ein Nagel in einem Gläschen befestigt, in welches er Quecksilber hineingegossen hatte, eine bisher unerhörte elektrische Wirkung hervorbrachte, indem der herausfahrende Schlag seinen Arm bis an die Achseln erschütterte. Im folgenden Jahre machte Cunaeus in Leyden dieselbe Erfahrung. Er wollte Wasser in einer Glasflasche elektrisiren, und hatte daher einen Drath durch den Kork bis zum Wasser hindurchgesteckt, den er nun an die Maschine hielt. Als er die Flasche öffnen wollte, erhielt er einen heftigen Schlag. Die von beiden unabhängig von einander gefundene Flasche wird daher die Kleistische oder die Leidner genannt. Die wesentlichen Theile derselben sind zwei einander nahe Leiter, die durch einen Nichtleiter getrennt sind. Die Flüssigkeit in der Flasche und die Hand des Beobachters außerhalb waren die beiden Leitern, die man bald mit Metallbelegungen vertauschte. Da die Wirkung mit der Größe der Belegungen zunimmt, die Vergrößerung der Flasche aber ihre Grenze hat, so war es ein glücklicher Gedanke, viele kleinere Flaschen so zu verbinden, daß alle äußern Belegungen unter sich durch metallische Leitungen verbunden sind, eben so alle innern. Eine solche Verbindung wird Batterie genannt. Der Erfinder derselben ist Gralath in Danzig.

Welchen ungeheuren Eindruck jene Erscheinungen auf die ersten Beobachter machten, geht aus den Beschreibungen hervor, welche uns erhalten sind. Muschenbroek konnte sich erst nach zwei Tagen von dem Schreck erholen. Einen zweiten solchen Schlag, schreibt er an Réaumur, möchte ich nicht haben, auch wenn mir die Krone von Frankreich geboten würde. Winkler empfand nach dem Schlage Convulsionen im Körper, er befürchtete ein hitziges Fieber, denn es lag ihm mehrere Tage wie ein Stein vor dem Kopfe. Dennoch konnte seine Frau die Neugierde nicht überwinden, aber die Frau Professorin bekam eine solche Erschütterung, daß sie darauf kaum gehen konnte. Erst vierzehn Tage später wagte sie eine zweite Dosis, dann aber nicht wieder. Bose wünschte an dem Schlage zu sterben, damit sein Tod in den Annalen der Pariser Akademie verzeichnet würde.

Wie ein Lauffeuer verbreitete sich die Nachricht dieser merkwürdigen Entdeckung über Europa, auf allen Jahrmärkten sah man damals diese Apparate in Thätigkeit, in Frankreich, dem conservativsten Lande der Welt, noch heute. Im Jahr 1845 habe ich in den Champs Élysées bei den Julifesten mir noch für einen Sous einen Schlag geben lassen, aber er machte nicht mehr den ursprünglichen Eindruck. C'est drôle, sagte mein Nachbar in der Kette, das war alles, von der Krone Frankreichs war nicht mehr die Rede.

Jetzt, wo allen Beobachtern Mittel zu Gebote standen, einen bedeutenden Grad von Elektricität zu erregen, häuften sich die wahrgenommenen Einzelnheiten so, daß ihre Aufzählung ermüden würde. Man tödtete Thiere, schmolz Metalle, zündete brennbare Stoffe an, zersprengte schlecht leitende. Man quälte vergeblich arme Kranke, wie später eben so nutzlos durch den Galvanismus und neuerdings durch die Magnetoelektricität. Die Aehnlichkeit mit den Erscheinungen des Blitzes trat immer entschiedener hervor. Seine Gestalt, seine Richtung nach den höchsten Gegenständen, vorzüglich nach Metallen, sein Zündungsvermögen, seine Zerstörung organischer und unorganischer Körper, verknüpft mit der Bemerkung, daß ein stark elektrisirter Körper durch die ihm genährte Spitze eines guten Leiters fast ganz seine elektrische Kraft verliere, brachte Franklin in Philadelphia auf den Gedanken, die ableitende Kraft der Spitzen auf die wahrscheinlich elektrische Materie des Blitzes anzuwenden. Um den Wolken die Spitze so nahe wie möglich zu bringen, befestigte er sie auf einen Drachen, den er an einer mit Drath durchflochtenen Schnur steigen ließ. Dieser Drath gab an seinem isolirten untern Ende Funken, zeigte Anziehungen und Abstoßungen, lud Flaschen und erschien metallisch mit der Erde verbunden scheinbar wirkungslos. Dieß führte Franklin zur Construction des Blitzableiters, welcher dem einschlagenden Blitz den Weg bestimmt, den er ohne zu zerstören zu verfolgen hat. An dem Modell eines Donnerhauses wies er die Einrichtung im Kleinen nach, aber in Nord-Amerika hatte man anfangs religiöse Skrupel, sich gegen das himmlische Feuer zu schützen, und so ist es gekommen, daß der erste Blitzableiter in Deutschland von einem Baron Diebitsch errichtet wurde. Auch fürchtete man den Blitz herbeizulocken und daher verbot Friedrich II. einen auf Sanssouci zu errichten. Wäre die Entdeckung früher geschehen, so möchte manches Baudenkmal des Mittelalters noch erhalten sein. Jetzt wohnt man wenigstens mit größerer Sicherheit in der Nähe eines Pulvermagazins, auch fällt ein Grund für das Verunglücken der Schiffe weg. Franklin's Verdienste als Staatsmann und Naturforscher faßte d'Alembert in dem Hexamenter zusammen:

er entriß dem Himmel den Blitz, das Scepter Tyrannen.

Wie wichtig nun auch die bisher erwähnten Fortschritte sein mögen, so waren sie verhältnißmäßig doch ohne positives Ergebniß. Denn selbst der Blitzableiter ist nur ein Abwehren einer vorhandenen Naturkraft, wo sie verderblich wird, kein Unterwerfen derselben zum Dienste des Menschen. Auch hatte die ganze Untersuchung noch eine falsche Richtung, die wesentlich nützliche Seite der Elektricität tritt erst hervor, nicht wenn die Elektricität erregt wird, sondern vielmehr wenn elektrisirte Körper in ihren ursprünglichen unelektrischen Zustand zurückkehren.

Reibt man eine Glasstange mit einem Stück Seidenzeug, so werden beide elektrisch. Aber so wie die Nordenden zweier Magnetnadeln sich abstoßen, ebenso die Südenden einander, hingegen ein Nordpol einen Südpol anzieht, so flieht auch im Gebiete der Elektricität sich das Gleichartige, sucht sich das Ungleichartige. Zwei Kugeln, welche das geriebene Glas berührt haben, stoßen sich ab, ebenso zwei, welche die reibende Seide berührten, aber jede Kugel der ersten Art zieht lebhaft eine der zweiten an. Beide sich reibende Körper werden daher elektrisch, aber entgegengesetzt, der eine positiv der andere negativ, was sich an den von Lichtenberg entdeckten Figuren deutlich zeigt. Durch weitere Untersuchung hat sich daraus folgende Vorstellung gebildet. Von Natur in seinem ursprünglichen Zustand enthält jeder Körper beide Elektricitäten, aber sie beschäftigen sich nur mit einander, sind wirkungslos nach außen. Blieben beide stets vereinigt, so wäre ein ewiger Friede, aber ohne alles Leben. Aber dieser innere Friede wird von Außen gestört, denn Leben ist Zweck der Natur und daher hat sie überall den Saamen des Zwiespalts gesäet. Die negative Elektricität des Glases ist gebunden an die positive desselben, aber sie fühlt diese Verbindung als Zwang, denn sie ist nicht das Ergebniß freier Wahl. Kommt nun das Glas in innige Berührung mit der Seide, so fühlt sich die negative des Glases mehr angezogen von der positiven der Seide als von ihrer positiven. Sie löst ihre natürlichen Bande, um sich in selbstgewählte Fesseln zu schlagen. Dadurch wird auf dem Glase die positive frei, auf der Seide die negative. Was thun diese, benutzen sie ihre Freiheit? Nein, der Wunsch sich zu vereinigen erwacht augenblicklich in ihnen, und wie fliegen sie an einander, wenn sie sich finden. Der Raum vom Monde zur Erde trennt sie, aber in einer Sekunde ist er durchmessen, eine Wolke thürmt sich zwischen ihnen auf, aber der Blitz spaltet sie und ein lauter Donner verkündet, daß das Hinderniß besiegt, wir selbst wollen sie auseinander halten, aber unser innerstes Mark wird erschüttert, wir fühlen unsere Ohnmacht gegen solchen Drang. Das kalte Metall erglüht an der Stelle, wo sie sich finden, ja der Magnet selbst erwacht einen Augenblick aus seinem Hinbrüten, er der immer still nach Norden blickt, wendet sich zur Seite und denkt, wenn er sieht, wie sie sich fassen, warum bleibt mir immer das fern, wonach ich mich sehne.

Und nun denken sie sich daneben einen Physiker, der genaue Rechenschaft geben soll von allem, was da vorgeht, kann er ruhig beobachten in einem unmeßbaren Zeitmoment.

Sie müssen zugeben, die Anforderung ist unbillig. Aber vielleicht sind die Farben zu lebhaft aufgetragen. Die Entfernung des Mondes von der Erde durchmessen in einer Secunde ist leicht gesagt, aber woher weiß man es, der Blitz mag kurze Zeit leuchten, aber wir sehen doch deutlich dabei, er muß also einige Zeit dauern.

Eine schnell herum geschwungene Kohle bildet einen feurigen Kreis, denn schnell auf das Auge nach einander erfolgende Eindrücke schließen sich an einander an, so daß man einen Körper, den man 8 Mal in einer Secunde an derselben Stelle sieht, ununterbrochen an dieser Stelle wahrnimmt. Wechseln verschiedene Gegenstände schnell an derselben Stelle z. B. ein blauer und gelber Gegenstand, so vermischen sich die Eindrücke, man sieht grün. Ich bemale eine Pappscheibe sectorenweise gelb und blau, so daß also der erste, dritte, fünfte Ausschnitt gelb ist, der zweite, vierte, sechste blau. Es mögen hundert Ausschnitte sein, funfzig gelbe, funfzig blaue. Diese Scheibe lege ich auf einen Kreisel, dreht er sich einmal in der Secunde um seine Achse, so wird ein Hundertel Secunde vergehen, bis ein blauer Ausschnitt an die Stelle tritt, welche eben der gelbe einnahm, man sieht also dann schon die Scheibe gleichmäßig grün, gewiß noch entschiedener, wenn der Kreisel sich tausend Mal in der Secunde um seine Achse dreht, denn jetzt vergeht nur ein Hunderttausendtel Secunde bis blau an die Stelle von gelb getreten ist. Nun lasse ich diesen Kreisel in einem dunkeln Zimmer rotiren, welches plötzlich durch den Blitz einer sich entladenden Kleistischen Flasche erleuchtet wird. Was sehe ich? die blauen und gelben Sectoren vollkommen scharf neben einander. Das Leuchten des Funkens dauerte also nicht so lange, daß der blaue Sector sich an die Stelle des gelben begeben konnte, es dauerte also nicht den hunderttausendsten Theil einer Secunde. Aber diese Grenze ist noch zu weit. Durch diese Versuche ergiebt sich, daß die Dauer nur den 10 Millionsten Theil einer Stunde beträgt.

Während des Leuchtens eines Blitzes ist also keine Bewegung in der Natur bemerkbar. Man würde eine abgeschossene Büchsenkugel in der Luft still stehen sehen.

Den Vereinigungsort der entgegengesetzten Elektricitäten nennt man elektrischen Strom. Ich denke es wird gerechtfertigt erscheinen, wenn wir ihn momentan genannt haben, auch hoffe ich, daß die Physiker des vorigen Jahrhunderts sich entschuldigen lassen, wenn ihnen wesentliche Seiten einer so schnell vorübergehenden Erscheinung verborgen blieben. Sie versuchten, freilich vergeblich, die Geschwindigkeit zu bestimmen, mit welcher in langen leitenden Strecken die Abgleichung des elektrischen Gegensatzes erfolgt. Am 5. August 1748 entlud bei Shooters Hill Dr. Watson eine elektrische Flasche durch einen 12276′ langen isolirten Drath. Er empfand in der Mitte des Drathes in demselben Augenblick den Schlag wo am andern Ende der Funke übersprang. Erst neuerdings ist es Wheatstone gelungen, diese Geschwindigkeit zu messen.

Wir wollen annehmen, es stehe in der Mitte des Saales eine elektrische Flasche. Neben dem Knopfe derselben beginne ein Drath, der über trockene Stangen bis Potsdam fortgeführt dort umbiege, hier in den Saal zurückkehre, wieder an der Flasche umbiege und den Weg hin und her über die Stangen noch einmal nehme, so aber, daß die 4 Dräthe über einander sich nicht berühren. Das zweite Ende des Drathes soll an der äußern Belegung enden, sie aber ebenfalls nicht berühren. Beim Entladen der Flasche springen gleichzeitig zwei Funken über, das ist ganz in der Ordnung. Jetzt aber schneide ich den Drath hier im Saale an der Umbiegungsstelle entzwei, nun entsteht in der Mitte der ganzen Leitung ein dritter Funke. Die positive und negative Elektricität, welche sich an dieser Stelle vereinigt, ist aber nachdem sie aus dem Saal sich entfernte und wieder hierher zurückkehrte, unterdeß in Potsdam gewesen. Hat sie zu dieser Reise gar keine Zeit gebraucht, so entstehen alle drei Funken gleichzeitg, der Saal wird also nur einmal erleuchtet, verging aber eine Zeit, so entsteht der mittlere Funke später, der Saal wird zweimal erleuchtet. Steht neben der Flasche eine Uhr, auf deren Zifferblatt ein Zeiger schnell herumläuft, so wird während der verflossenen Zeit der Zeiger nicht stehen geblieben sein, ich werde ihn also während des zweiten Funkens an einer andern Stelle sehen als während des ersten. Beträgt der Unterschied des Standes $1/_{100}$ Secunde, so wird die Elektricität 1600 Meilen in einer Secunde durchlaufen. Aber sie geht schneller, unsere Beobachtungsmethode ist also zu roh. Wir müssen eine andere wählen.

Wir wollen uns eines Apparates bedienen, den ich wohl als bekannt voraussetzen darf, eines Spiegels. Ich setze ferner als bekannt voraus, wie man hineinsehen müsse, um sich zu sehen. In jeder andern Stellung als dieser bekannten sieht man nicht sich, sondern einen andern Gegenstand, welchen, hängt davon ab, wie der Spiegel gegen die Sehlinie geneigt ist. Verändert man die Neigung des Spiegels ein wenig, so rückt der gesehene Gegenstand fort, um einem andern an seiner Stelle Platz zu machen. Dreht sich der Spiegel um eine senkrechte Achse mit großer Geschwindigkeit z. B. 800 Mal in einer Secunde und entstehen die drei Funken in einer lothrechten Linie grade über einander, so wird man sie im Spiegel auch grade über einander sehen, denn wie schnell der Spiegel sich auch drehen mag, in einem Moment kann er nur eine Stellung haben. Ist aber der mittlere Funke später, so wird sich der Spiegel bei seinem Erscheinen bereits etwas weiter gedreht haben, das Bild des Funkens also etwas zur Seite gerückt erscheinen. Das ist wirklich der Fall. Wie weit läßt sich messen und daraus bestimmt sich die Größe der Drehung des Spiegels, d. h. die Zeit, welche die Elektricität brauchte, um von hier nach Potsdam und zurück zu reisen. Sie ist sehr gering, denn der Weg, den die Elektricität in einer Secunde durchläuft, beträgt mehr als die Entfernung des Mondes von der Erde, ohngefähr 60,000 Meilen. Für alle Entfernungen auf der Erde können wir also die darauf verwendete Zeit als verschwindend betrachten. Befindet sich die Unterbrechungsstelle nicht hier im Saale sondern in Paris, vorausgesetzt daß der Draht bis dorthin fortgesetzt sei, so wird der Funke dort in demselben Moment erscheinen als hier. Stelle ich den Versuch hier grade um Mittag an, so würde der Pariser Beobachter an seiner Uhr erst 11 Uhr 16 Minuten haben, denn die Sonne braucht 44 Minuten um von Berlin nach Paris zu gehen. Dadurch finde ich, wie weit Paris westlich von Berlin liegt, ich bestimme den Unterschied der geographischen Länge beider Orte.

Welche wichtige Entdeckungen lassen sich nun erwarten, wenn es gelänge, bei unverminderter Fortpflanzungsgeschwindigkeit den momentanen elektrischen Strom in einen dauernden zu verwandeln. Diese Bedingung erfüllt der Galvanismus, die neue Gestalt, unter welcher im 19. Jahrhundert die Elektricität auftritt, dessen Anfang durch die Entdeckung der Volta'schen Säule bezeichnet wird. Die Elektricität tritt aus dem Kabinet des Physikers in das öffentliche Leben, ihr Incognito ließ sich nicht mehr durchführen, sie giebt es daher auf.

Wenn man den Entwickelungsgang der bisherigen Entdeckungen näher betrachtet, so sieht man bald, daß die wesentlichen Fortschritte dadurch geschahen, daß man an die Stelle der Nichtleiter, welche anfangs als die alleinigen elektrischen Erreger galten, immer mehr Leiter setzte. Zu den beiden einander reibenden Körpern war zuerst ein Leiter, der Conductor hinzugefügt worden und hatte die unscheinbaren Wirkungen erst augenfällig gemacht. Dies geschah in weit höherem Grade, als in der Kleist'schen Flasche 2 Leiter mit einem Nichtleiter verbunden wurden. Es kam jetzt nur darauf an, auch den letzten Nichtleiter mit einem Leiter zu vertauschen. Dies geschah in der galvanischen Kette.

In einem Hörsaale des Professors Galvani in Bologna berührte ein Zuhörer mit dem Messer grade die Nerven eines zerschnittenen Frosches, als ein anderer Zuhörer aus einer nicht weit davon entfernten Maschine Funken zog. In dem Augenblicke zuckte der todte Frosch lebhaft, und zwar jedesmal, wenn der Funke herausschlug und der Frosch mit einem Leiter berührt wurde. Man zeigte dies Galvani, der darüber in das größte Erstaunen gerieth. Sein Gedankengang war folgender: der lebendige Frosch zuckt mit den Schenkeln, wenn er will, der todte, wenn in seiner Umgebung ein elektrischer Versuch gemacht wird. Wenn nun die erstorbene Lebenskraft im todten Körper durch Elektricität wieder erweckt werden kann, so muß diese selbst elektrischer Art sein. Die willkührliche Muskelbewegung des lebenden Körpers ist daher Folge einer ihm innewohnenden thierischen Elektricität.

Die Ansicht, daß es lebendige Elektrisirmaschinen gebe, ist nicht so barock als sie aussieht. Es giebt elektrische Fische, welche die heftigsten Schläge zu ertheilen vermögen, die in Italien häufigen Zitterrochen und die besonders in Süd-Amerika vorkommenden kräftigen Zitterale, durch welche oft Pferde so betäubt werden, daß sie in den Fuhrten ertrinken. Aber dennoch hat es etwas so wunderbares, sich eine Elektrisirmaschine lebend zu denken, daß der Unbefangene nicht darauf verfällt. Als ich vor einigen Jahren mir von dem in der Adelaide-Gallerie in London befindlichen großen Zitteraal Schläge geben ließ, die meinen ganzen Körper erschütterten, trat eine Dame an mich heran und fragte, was ich da mache. Ich erwiederte, daß ich mir von dem Fische elektrische Schläge geben ließe. „Und das ist des Gentlemans eigene Erfindung,“ fragte sie weiter. Sie glaubte nämlich, ich hätte dem Fisch erst diese Kunst gelehrt, eine Ehre, die ich ablehnen mußte.

Galvani wollte nun wissen, ob auch die atmosphärische Elektricität die Fähigkeit besitze, die Todten zu erwecken. Er durchbohrte daher das Rückenmark des Frosches durch einen

Drath, den er zu einem Haken umbog und hing den Frosch an ein eisernes Geländer seines Gartens. Indem er den Haken am Gitter befestigte, berührte der Schenkel des Frosches eine Stange desselben, im Augenblick zuckte der Frosch. Weitere Versuche zeigten, daß dies auch im Zimmer gelang, nur mußte die Bedingung erfüllt sein, daß zwei Metalle, von denen das eine den Nerv, das andere den Muskel berührte, selbst unter einander in Berührung gebracht wurden. Dies bestätigt meine Ansicht, rief Galvani, der Froschschenkel ist eine Kleist'sche Flasche, der Nervenstrang ist die innere Belegung, das Fleisch die äußere, bringe ich beide in Verbindung, so wird die Flasche entladen.

Dem wiedersprach aber, daß die Zuckungen sehr schwach waren, ja bei gehöriger Vorsicht wegfielen, wenn die Schließung nur durch ein Metall hergestellt wurde, hingegen lebhaft bei zwei Metallen und mit sehr verschiedener Energie nach der Wahl dieser Metalle. Dies führte nun Volta erst auf die Erklärung des Räthsels. Galvani sucht die Ursache der Erscheinung, sagte er, an einer falschen Stelle, nicht im thierischen Körper liegt sie, sondern außerhalb, hier ist keine neue Naturkraft: thierische Elektricität, sondern unsre alte, die gewöhnliche Elektricität, das Neue ist die Erregungsweise durch Berührung der Metalle. Da erhoben sich alle Mediziner wie ein Mann gegen Volta, sie wollten sich die endlich gefundene Lebenskraft nicht wieder entreißen lassen. Aber Volta war nicht der Mann sich abschrecken zu lassen; was ist, rief er, vom elektrischen Gesichtspunkt aus, euer Frosch anders als ein nasser Körper, ich brauche ihn nicht, ein nasser Lappen kann seine Stelle vertreten, und nun legte er eine feuchte Tuchscheibe zwischen zwei Metallplatten und schichtete viele solcher galvanischer Ketten über einander. Die Volta'sche Säule war errichtet, die ewige Denk- und Ehrensäule seines Namens, wie sie Steffens nannte. Wer erkennt in unsern jetzigen galvanischen Apparaten ihre ursprüngliche Form, in der Säure, welche den Becher füllt, einen todten Frosch, in der Kupfer- oder Platinaplatte einen Haken, in der Zinkplatte ein eisernes Gartengeländer. So wie Thomas Young, ein Physiker, sich der Philologie annahm, und im Stein von Damiette die aegyptischen Hieroglyphen entzifferte, so lösete ein anderer Physiker, Volta, eins der dunkelsten Räthsel, welches die ewig lebende Sphynx, die Natur den Physiologen zur Auflösung vorgelegt hatte. Voilà, l'image de la vie, sagte nach tiefem Nachsinnen Napoleon zu Corvisard, als er das erste Mal die erstaunlichen Wirkungen der Säule sah und setzte sogleich einen Preis von 100,000 Franken aus für eine Entdeckung, welche sich dieser an die Seite stellen ließe.

Da die wesentlichen Theile einer galvanischen Kette 2 Metalle und eine Flüssigkeit sind, so war eine unendliche Anzahl Combinationen möglich, unter denen die passendsten gewählt werden mußten. Diese Riesenarbeit übernahm Ritter aus einem Dorfe bei Liegnitz, der diesen Untersuchungen fast seine Sinne opferte. Er entdeckte die Ladungssäule und er öffnete damit jenen wundervollen Kreis von Wechselwirkungen welcher später durch Oersteds, Faradays, Seebecks und Peltiers Entdeckungen mit einem immer engern Bande die einzelnen Naturkräfte zu einem organischen Ganzen zusammenfaßt. Aber er starb früh, wie einst Günther, erschöpft durch rastlose Arbeit, Kummer und wüstes Leben. Bald zeigte sich, daß manche Versuche mit einigen großen Plattenpaaren besser gelingen, als mit vielen kleinen, jeder Apparat überhaupt gewisse Wirkungen besser zeigt als andre. Aber hier tappte man Jahre lang im Finstern. Da erschien im Jahre 1827 als Leitstern in diesem Dunkel die Theorie des Galvanismus von Ohm, damals in Berlin jetzt in Nürnberg. Er zeigte, daß weil der Apparat selbst aus lauter Leitern besteht, der elektrische Strom nicht allein durch die Schließung, welche die beiden Pole verbindet hindurchgeht, sondern auch durch den Apparat selbst, daß der Widerstand, den er hierbei findet, daher aus zwei Theilen besteht, dem außerhalb des Apparates und im Apparate. Dadurch lösten sich mit einem Schlage alle Schwierigkeiten, welche bisher deswegen unüberwindlich gewesen waren, weil man immer nur an die äußern Theile gedacht hatte.

Ohm trug seine Entdeckung in der einfachen ernsten Sprache vor, welche den echten Naturforscher bezeichnet. Eine Theorie, sagt er, die auf den Namen einer unvergänglichen Anspruch machen will, darf ihre edle Herkunft nicht durch eitles Wortgepräge zu erkennen geben, sondern dadurch, daß sie überall ihre Verwandschaft zu dem Geiste, der die Natur beseelt, einfach und vollständig ohne alles Hebezeug der Sprache in der Wirklichkeit nachweist. Die Aufnahme dieser Theorie war in den verschiedenen Ländern verschieden. Henry in Princeton in Nord-Amerika, der die unendliche praktische Wichtigkeit derselben sogleich einsah, sagt: als ich Ohms Theorie zuerst las war mir, als wenn ein Blitz ein dunkles Zimmer plötzlich erleuchte. Die Königl. Societät in London erkannte ihm die Copley Medaille zu, den höchsten Preis, welchen sie für physikalische Entdeckungen ertheilt. Auch in Frankreich ward ihr die größte Anerkennung zu Theil, welche ein fremder Naturforscher dort erwarten darf. Ein dasiger Physiker fand es für zweckmäßig, sie einige Jahre später noch einmal zu entdecken. Er dachte: cette découverte n'est pas francaise, mais elle est digne d'être francaise. Aber welchen Lohn erndtete Ohm in Deutschland. Während hier die mühevollsten empirischen Arbeiten erschienen, unter denen besonders die von Fechner in Leipzig zu nennen sind, um die Theorie nach allen Seiten hin auf den Prüfstein der Erfahrung zu legen, blickte die Wissenschaft, deren Aufgabe es ist, den großen Gedanken der Schöpfung noch einmal zu denken, mit göttlichem Selbstgenügen von ihrem olympischen Throne auf dieses irrdische Treiben herab. In den Berliner Jahrbüchern für wissenschaftliche Kritik wurde Ohms Theorie: „ein bloßes Gewebe von Willkühr genannt, das sich äußerlich nicht durch einen Schein der oberflächlichsten Rechtfertigung jemals werde geltend machen lassen. Eine Naturforschung, heißt es weiter, welche die Natur heilig achtet, muß sich von dem Erzeugniß einer so unheilbaren Täuschung, welche die Natur herabzuwürdigen trachtet, abwenden."

Da bei einem Nichtleiter jeder Punkt für sich wirkt, so werden zwei Nichtleiter nur auf einander energisch wirken können, wenn jeder Punkt des einen nach einander mit vielen Punkten des andern in unmittelbare Berührung kommt. Sie müssen daher an einander gerieben werden. Bei den Leitern wird dies durch die bloße Berührung erreicht, da wenn ein Punkt des einen auf einen Punkt des andern wirkt er zugleich auf alle andern wirkt. Eine galvanische Kette oder Volta'sche Säule ist also ein elektrischer Apparat der sich, so wie er entladen wird, stets wieder von selbst ladet. Man erhält daher bei dem Anfassen seiner Enden oder Pole nicht einen Schlag, sondern eine ununterbrochene Folge von Erschütterungen. Er giebt also einen dauernden Strom. Diese Elektricitätsquelle würde unerschöpflich sein, wenn nicht der Strom, wie wir oben gesehen haben, durch den Apparat selbst hindurchginge. Da nun durch die Wirkung des Stromes die Bestandtheile der Säule allmählig verändert und zerstört werden, so hört ihre lebhafte Wirkung bald auf. Sie bleibt aber länger andauernd, wenn man der Elektricität den Weg offen läßt, diesen aber den Produkten ihrer Zersetzung so viel wie möglich versperrt. Dies geschieht dadurch, daß man die beiden Metalle in zwei verschiedene Flüssigkeiten taucht, und diese durch eine nasse Blase oder eine Wand von ungebranntem Thon trennt. Dies sind die constanten Ketten, durch welche der Galvanismus erst die Stetigkeit erhält, welche bei technischen Anwendungen nothwendige Bedingung ist. Sie sind im Jahre 1821 von Döbereiner in Jena, dem Erfinder der Platinfeuerzeuge, zuerst angegeben und neuerdings durch Daniell in allgemeine Anwendung gekommen.

Außer den physiologischen Wirkungen der Säule, welche man an todten Körpern bis zum furchtbaren Extrem trieb, nahmen bald die chemischen die allgemeine Aufmerksamkeit in Anspruch. Im Jahre 1803 bemerkte Nicholson und Carlisle, daß an den Poldräthen der Säule, die zufällig in

Wasser hineintauchten, sich Luftblasen entwickelten. Eine nähere Untersuchung ergab, daß die Luft an dem einen Pol die war, welche das Brennen und Athmen unterhält, Lebensluft, an dem andern die, welche den Luftballon füllt und in unsern Flammen brennt, brennbare Luft. Nun wußte man bereits, daß das Wasser aus diesen beiden Luftarten zusammengesetzt ist, es hatte sich also zwischen den Polen der Säule zersetzt. Das was sich durch Elektricität trennen läßt, mußte durch ein schwächeres elektrisches Band vereinigt sein, und so war die Hoffnung vorhanden, durch kräftigere Säulen Körper zu zerlegen, welche bisher für einfach gegolten hatten. Dies gelang, unter Davys Händen traten an den Polen einer Säule von 2000 großen Plattenpaaren, welche das Parlament ihm bewilligt hatte, aus den Laugensalzen und Erden neue Metalle hervor. Die ganze Chemie wurde dadurch umgestaltet. Bald schlägt sich das aus der Verbindung hervortretende Metall frei oder noch mit einem andern Körper verbunden, als dünner Hauch auf die Polplatte nieder, die Nobili'schen Farbenfiguren des Stahls, das galvanische Vergolden und Versilbern gehört hierher, bald legt sich Schicht über Schicht zu einem massiven Ganzen und giebt treu die Form der Polplatte wieder. Dieser kalte Guß, Galvanoplastik genannt, ist eine Erfindung von Jacoby aus Potsdam.

Was zwischen den Polen der Säule und bei anderen chemischen Prüfungen sich unverändert erhält, gilt als einfach. Damit ist aber nicht gesagt, daß kräftigern Mitteln es nicht vielleicht später gelingt, eine Verbindung aufzulösen, die für die Ewigkeit geschlossen schien. Denn was kann auf die Länge den Ueberredungskünsten der neuern Chemie widerstehen. So innig auch das Band scheint, welches die Körper vereint, so treu sie auch an einander halten, so wird der Kampf doch mit jedem Tage ungleicher, seitdem in unsern Tagen nun auch der Magnetismus dem Bündniß beigetreten, welches seit lange Licht, Wärme und Elektricität geschlossen haben, um die Bande der natürlichen Verbindungen von allen Seiten aufzulösen.

Die Gesetze für die chemischen Zersetzungen sind erst später von Faraday aufgefunden worden. Sein Auftreten in der Wissenschaft knüpft sich unmittelbar an Davy's Entdeckungen und ist höchst eigenthümlich.

In den Institutions in London werden öffentliche Vorträge gehalten, zu denen jeder für einen geringen Eintrittspreis Zutritt hat. Sie haben den Zweck, besonders physikalische und chemische, neu gefundene Thatsachen so schnell wie möglich zum Gemeingut des größern Publikums zu machen, das durch seine Theilnahme eben diese Institute erhält. Dieses Zweckes wegen entziehen sich die bedeutendsten Gelehrten nicht diesen Vorträgen, auch Davy hielt sie. An diese Vorträge macht man die Ansprüche, welche ihrem Grundgedanken entsprechen. Man will belehrt sein, nicht unterhalten, man stellt die Faßlichkeit der Darstellung über den Schmuck der Rede, man dauert geduldig aus, selbst wenn der Vortragende das Zeitmaaß etwas überschreitet. Beifall und Tadel sind beide mäßig. Enthusiastische Aeußerungen wie, wundervoll, göttlich, famos hört man nicht, höchstens ein leises aber innig gesprochenes beautifull. Das Urtheil über das weniger Anziehende ist nicht: gräßlich langweilig, längst bekannt, man sagt curious. Curious wird eine Sache genannt, die man nicht sehen muß, die man aber gesehen haben muß. Aber für diese scheinbare Theilnahmlosigkeit entschädigt die nachhaltige Wirkung. Nach einem von Davy's Vorträgen richtete ein junger Handlungsdiener an ihn einige Fragen über das von ihm Vorgetragene. Diese Fragen waren so prägnant, so auf den Nerv der Sache eingehend, daß Davy auf den Frager aufmerksam wurde. Dieser Frager war Faraday, bald nachher Davys Gehülfe, später sein Nachfolger, jetzt der erste Physiker. Unter allen großen Entdeckungen Davys, sagen die Engländer, ist Faraday Davys größte Entdeckung.

Wenn auch die galvanische Säule ein Metall nicht zu zersetzen vermag, so ist sie doch nicht ohne Wirkung auf dasselbe, es erwärmt sich, es wird ein Magnet.

Die Wärmeerregung ist in allen Theilen des Schließungsdrathes dieselbe, da aber eine kleinere Masse durch dieselbe Wärmemenge stärker erwärmt wird, als eine größere, so muß der Drath dünn sein, wenn er glühen soll. Umgiebt man diesen dünnen Drath mit Pulver, so explodirt dasselbe in dem Moment, wo die Zuleitungsdräthe die galvanische Kette berühren. Soll er durch das Wasser geführt werden, so muß er isolirt, d. h. mit Schellack, Seide, Gummi elasticum oder Gutta percha überzogen sein. Man hat bis $^5/_4$ Meilen Entfernung gezündet.

Im Jahr 1819 fand Oersted in Kopenhagen, daß der Schließungsdrath der galvanischen Säule ein Magnet wird und zwar in der Weise, daß ihm parallele neben ihm aufgestellte Magnetnadeln sich senkrecht auf seine Richtung stellen, besonders kräftig, wenn der Drath, wie Schweigger in Halle zeigte, in vielen isolirten Windungen um die Nadel geschlungen ist. Die Ablenkung nach Rechts verwandelt sich in eine nach Links, wenn das Drathende, welches das Kupfer berührte, mit dem Zink in Berührung gebracht wird und ebenso das mit dem Zinkende verbundene an das Kupfer gehalten. Der Moment der Schließung dreht alle Nadeln gleichzeitig, wie viele auch unter dem Drath stehen und wie viel Meilen er auch hin und zurück geführt sei. Durch beliebige Wiederholung gleicher und entgegengesetzter Ablenkungen der Nadel kann die Anzahl der Zeichen beliebig vervielfältigt und dadurch eine telegraphische Chiffer erhalten werden. Steht links von der sich drehenden Nadel eine Glocke, welche einen hohen Ton giebt, rechts eine, welche einen tiefen Ton giebt, so spricht der Telegraph seine Zeichen durch Anschlagen der Magnetnadel an beide Glocken, er schreibt sie durch Punkte auf einen Papierstreifen, der durch ein Uhrwerk vorbeigeführt wird. Dies ist der Nadeltelegraph, zuerst ausgeführt von Gauß und Weber in Göttingen, dann wesentlich verbessert von Steinheil in München, der zuerst die Erde als Rückleitung benutzte, indem er an die Enden des die beiden Stationen verbindenden Drathes große Metallplatten anlöthete, die er in die Erde vergrub.

Aber der Schließungsdraht wirkt nicht nur drehend auf Magnete in seiner Nähe, sondern er magnetisirt auch unmagnetisches Eisen, welches senkrecht auf seine Richtung liegt, nach Gesetzen, welche Ampère entwickelt hat, besonders kräftig, wenn der Drath in vielfachen Windungen, die durch einen nichtleitenden Ueberzug von einander isolirt sind, das

Eisen umschlingt. Ein Hufeisen, welches keine Haarnadel zu tragen vermag, erlangt in dem Augenblick, wo das eine Ende des umwickelten Drathes die Kupferplatte berührt, das andere die Zinkplatte, bei kräftigen Apparaten eine Tragkraft von mehreren 1000 Pfd., und verliert sie augenblicklich, wenn die Berührung aufgehoben wird. Solch ein umwickeltes Hufeisen heißt ein Elektromagnet. Dieser Magnetismus entsteht in Breslau, wenn der von hier bis Breslau bereits gespannte Drath dort um das Hufeisen sich schlingt, und durch die Erde mit der Zinkplatte einer auf dem hiesigen Frankfurter Bahnhofe aufgestellten galvanischen Säule verbunden ist, und zwar in dem Augenblick, wenn ich hier in Berlin den über die Stangen gehenden Drath mit der Kupferplatte verbinde. Ein neben dem Hufeisen befindlicher Anker wird also dort angezogen, wenn ich hier in Berlin berühre. Hält dieser Anker ein Glockenwerk auf, so wird diese Glocke in Breslau nun zu läuten beginnen, und zwar gleichzeitig in allen Wärterbuden, wenn in jeder derselben eine ähnliche Vorrichtung vorhanden ist, d. h. wenn der Verbindungsdraht in jeder Bude um ein ähnliches Hufeisen herumgeht. Dies sind die Glockensignale der Thüringer und Schlesischen Eisenbahn.

Hält der bereits angezogene Anker ein Uhrwerk fest, und ist der Verbindungsdrath vor die Mündung einer Kanone gespannt, so wird bei dem Durchschießen des Drathes der Anker abfallen und das Uhrwerk sich in Bewegung setzen. Zerreißt die am Ziel einschlagende Kugel einen zweiten vor dasselbe gespannten Drath, welcher bis zur Uhr zurückkehrt und hier um ein zweites im Uhrwerk befindliches Hufeisen geschlungen ist, so wird der abfallende Anker desselben die Uhr hemmen. Der vom Zeiger am Zifferblatt durchlaufene Weg ist die Zeitdauer des Wurfes. Ein solcher von einem der hier Anwesenden angegebener und vom Uhrmacher Leonhard hierselbst ausgeführter Apparat befindet sich auf dem hiesigen Artillerie-Schießplatz.

Es wird genügen, unter vielen andern diese beiden Beispiele der Anwendung eines Prinzips anzuführen, welches Wheatstone zuerst mit entschiedenem Erfolge bei der Construction des elektromagnetischen Telegraphen geltend gemacht hat. Die nähere Einrichtung desselben läßt sich nun ohne Weitres einsehen.

Schlingt man um eine Achse eine Schnur, an welcher ein Gewicht hängt, so wird dieses ablaufen, und ein an der Achse befindlicher Zeiger schnell herumschnurren. Dies ist ein Uhrwerk ohne Pendel. Das schwingende Pendel hat aber oben zwei Arme von der Form eines geöffneten Zirkels, dessen Schenkel unten nach Innen umgebogen sind. Diese umgebogenen Enden greifen bei dem Schwingen des Pendels in die Zähne eines auf der Achse sitzenden Rades ein, einmal auf der linken Seite, dann auf der rechten. Das Rad ist nur frei, wenn das schwingende Pendel eben durch die Lothlinie hindurchgehen will; dadurch wird die ununterbrochene Bewegung des Zeigers in eine ruckweise verwandelt, das Tiktak der Uhr ist das Einschlagen der Arme in die Zähne des Rades. Denken Sie nun, daß der in die Zähne des Rades eingreifende Doppelarm der Anker eines im Innern des Uhrwerks ohne Pendel befindlichen Elektromagneten ist, so wird, wenn ich hier die galvanische Säule schließe, der Zeiger des Uhrwerks, welches auf einer entfernten, mit uns durch eine Drathleitung verbundenen Station aufgestellt sein mag, um ein Zeichen weiter springen, indem der auf der einen Seite herausgezogene Arm das Rad frei macht, welches aber nur einen Augenblick durch das Zuggewicht sich drehen kann, weil es durch den auf der andern Seite einschlagenden Arm sogleich wieder festgehalten wird. Hat das Rad 24 Zähne, und stehen am Zifferblatt des Zeigers die 24 Buchstaben des Alphabets, so muß ich hier viermal schließen, d. h. die metallische Verbindung des Drathes mit der galvanischen Säule herstellen, um D zu sagen, denn der vor A stehende Zeiger springt dann über A. B. C. nach D. Es kommt also nur darauf an, so oft zu schließen, als die Stelle des Buchstaben im Alphabet verlangt. Aber nichts ist leichter.

Auf einer Holzscheibe befindet sich ein Metallring, auf welchen in gleichen Abständen die 24 Buchstaben eingravirt sind. An jedem Buchstaben steht ein hervorragendes Metallknöpfchen. Der Ring selbst also hat 24 in einer Ebene liegende metallische Hervorragungen und ist mit der Zinkplatte der Säule in Verbindung. Die Holzscheibe ist in dem Mittelpunkt des kreisförmigen Metallringes durchbohrt und durch diese durchbohrte Mitte führt ein Drath nach der Kupferplatte. Verbindet man diesen Drath mit dem Metallringe, so ist die Säule geschlossen, unterbricht man die Verbindung, so ist sie geöffnet. Um dieses leicht bewerkstelligen zu können, befindet sich an dem über die Holzscheibe etwas hervorragenden Drath ein horizontaler Zeiger, welcher leicht mit der Hand herumgedreht werden kann, und bei diesem Herumdrehen über die hervorragenden Knöpfchen schleift, so wie er zwischen zwei Knöpfchen in der Mitte steht, aber den Metallring nicht berührt. Drehe ich nun den Zeiger hier von A bis M, so hat er zwölf Knöpfchen berührt, also zwölf Mal die Säule geschlossen, d. h. zwölf Mal auf der andern Station das Hufeisen magnetisirt, also ist der Zeiger des dortigen Telegraphen bis M gesprungen.

Dort sieht man also stets den Zeiger vor dem Buchstaben am Telegraphen still stehen, auf welchen ich hier den Zeiger des Zeichengebers still stehen lasse. Bei jedem Buchstaben wird angehalten und dann bis zum nächsten schnell weitergedreht. Es versteht sich übrigens von selbst, daß außer den Buchstaben noch gewisse Zeichen auf dem Zifferblatt des Telegraphen und dem Metallring des Zeichengebers vorhanden sind, nämlich Ziffern und Zeichen, welche z. B. den Schluß der Depesche, eine Frage u. s. w. andeuten und daß auf jeder der beiden mit einander correspondirenden Stationen ein Zeichengeber und ein Telegraph sich befindet. Der elektrische Strom geht stets durch diese beiden Telegraphen und Zeichengeber, die ihn erregende galvanische Batterie kann entweder auf einer Station stehen, oder in zwei Hälften getheilt auf beiden. Der ganze Verbindungskreis ist also z. B. zwischen Berlin und Frankfurt folgender: Von der Zinkplatte der Batterie in Berlin geht ein kurzer Drath durch den Berliner Zeichengeber und Telegraphen zu dem über die Stangen bis Frankfurt gespannten Drath. Das Ende dieses Verbindungsdrathes in Frankfurt geht nun durch den in Frankfurt aufgestellten Telegraphen und Zeichengeber nach einer in Frankfurt in die Erde vergrabenen Metallplatte. Nun geht die Verbindung zurück durch die Erde zwischen Frankfurt und Berlin. Hier ist ebenfalls eine große Metallplatte vergraben, an der ein angelötheter Drath nach der Kupferplatte der galvanischen Säule führt und den Drath schließt. Nimmt nun ein von Berlin nach Frankfurt fahrender Zug einen Zeichengeber mit, so kann er, wenn ein Unglück geschieht, an irgend einer Stelle, z. B. in der ihm nächsten Wärterbude, diesen Zeichengeber in den Verbindungsdrath einschalten und auf diese Weise Hülfe herbeirufen. Ist der Drath nicht über Stangen geführt, sondern mit einem isolirenden Ueberzug z. B. Gutta percha versehen in die Erde gegraben, so muß derselbe an bestimmten Stellen zugänglich sein, oder absichtlich über einen trockenen Pfahl geführt bis über die Oberfläche hervorragen. Denken Sie von einem hohen Feuerthurme in der Mitte einer großen Stadt solche, z. B. neben die Gasröhren gelegte unterirdische isolirte Verbindungen nach den Stellen geführt, wo die Löschanstalten aufgestellt sind, und an diesen Stellen Glockenwerke und Telegraphen befindlich, so kann die Hülfe sogleich von allen Feuerwachen nach der bedrohten Stelle gerichtet werden.

Gegen den bisher beschriebenen Telegraphen kann man aber einwenden, daß er noch eines Beobachters bedarf, der die Zeichen aufschreibt. Wir wollen daher lieber den Telegraphen selbst die Nachricht drucken lassen. Statt des Zeigers, welcher an dem Zifferblatt des Telegraphen sich herumdreht, befestigen wir nun das Zifferblatt selbst auf die Achse. Dies dreht sich also nun mit den darauf befindlichen

Buchstaben, die aber nun als Typen auf der hohen Kante der Scheibe stehen, und bei dem Drehen derselben über eine Walze mit Druckerschwärze streifen. Jetzt steht der Buchstabe an einer bestimmten Stelle still, den ich hier angegeben habe. Durch einen zweiten Elektromagneten drücke ich nun plötzlich eine mit Papier bezogene Walze dagegen, welche beim Zurückgehen um eine Stelle weiter sich dreht. Der Telegraph ist also nun mein Setzer, dem ich von hier aus durch den Zeichengeber vorbuchstabire.

Unser Zifferblatt am Telegraphen der ersten Art, bei welchem der Zeiger springt, soll jetzt wirkliche Ziffern statt Buchstaben haben, und der Zeiger in 60 Sprüngen einen Umlauf vollenden. Statt eines Zeichengebers nehme ich eine Pendeluhr, welche Secunden schlägt. Das Pendel ist oben wie gewöhnlich, an einer elastischen Feder aufgehängt, die aber hier mit der Zinkplatte der Säule metallisch verbunden ist, und taucht unten mit einer Spitze, wenn es eben lothrecht steht, in ein Quecksilbergefäß, welches durch den Verbindungsdrath mit der Kupferplatte der Säule verbunden ist. Das Pendel schwingt und schließt bei jedem Schwunge die galvanische Säule. In den Verbindungsdrath sind nun beliebig viele durch Elektromagnete in Bewegung zu versetzende Zifferblätter eingeschaltet. Die Zeiger dieser elektromagnetischen Uhren springen also a tempo mit den Schwingungen der wirklichen Pendeluhr. Das Problem Karl des Fünften, beliebig viele Uhren gleichgehend zu erhalten, ist also gelöst.

Ich sollte nun noch von den neuen mächtigen Elektricitätsquellen sprechen, welche nach dem Galvanismus aus dem nie erschöpften Schooß der Natur hervorgebrochen sind, von der Thermoelektricität, welche der Berliner Akademiker Seebeck entdeckt, wodurch das bisher verschlossene Geheimniß der Wärmefarben enthüllt wurde, von Faradays Entdeckung, daß so wie bewegte Elektricität Magnetismus hervorruft, so bewegter Magnetismus Elektricität, von den Wundern des Diamagnetismus, die jetzt eben durch ihn sich aufthun, ich sollte endlich der Locomotive gedenken, die selbst zu einer mächtigen Elektrisirmaschine geworden. Aber die Zeit ist verflossen, und ich muß daher hier abbrechen. In der Physik muß man immer abbrechen, denn in der Wissenschaft der Natur ist es wie in der Natur selbst. So wie hier dem Wandrer sich mit jedem Schritt ein neuer Gesichtskreis eröffnet, so auch dort. Je tiefer wir sie erniedrigen, desto reicher entfaltet sie sich vor unsern Blicken.

FSC
www.fsc.org
MIX
Papier | Fördert
gute Waldnutzung
FSC® C083411

Zeitfracht Medien GmbH
Ferdinand-Jühlke-Straße 7
99095 Erfurt, Deutschland
produktsicherheit@kolibri360.de